Chau Thi Minh Long

Wpływ energii wodnej na warunki życia rolników w Wietnamie

Chau Thi Minh Long

Wpływ energii wodnej na warunki życia rolników w Wietnamie

Studium przypadku projektu elektrowni wodnej Buon Tua Srah

Wydawnictwo Bezkresy Wiedzy

Imprint

Cover image: www.ingimage.com

Publisher:
Wydawnictwo Bezkresy Wiedzy
is a trademark of
International Book Market Service Ltd., member of OmniScriptum Publishing Group
17 Meldrum Street, Beau Bassin 71504, Mauritius

Printed at: see last page
ISBN: 978-620-2-44730-0

Drogi czytelniku,

książka, którą posiadasz, została pierwotnie wydana pod tytułem "Impacts of hydropower on farmers' livelihoods in Vietnam", ISBN 978-620-2-30469-6.

Jego publikacja w języku polskim jest możliwa dzięki zastosowaniu najbardziej zaawansowanej sztucznej inteligencji dla języków.

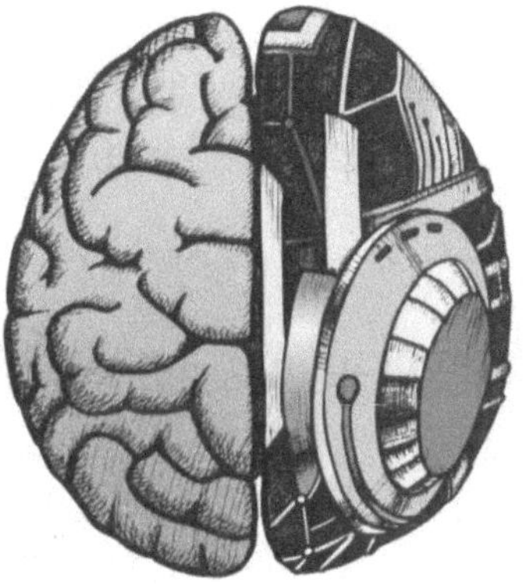

Technologia ta, uhonorowana pierwszą w historii Honorową Nagrodą Sztucznej Inteligencji w Berlinie we wrześniu 2019 r., naśladuje sposób działania ludzkiego mózgu, dzięki czemu jest w stanie uchwycić i przetłumaczyć nawet najmniejsze niuanse w bezprecedensowy sposób.

Mamy nadzieję, że znajdą Państwo wiele satysfakcji z tej książki i uprzejmie prosimy o uwzględnienie wszelkich rozbieżności językowych, które mogłyby wyniknąć z tego procesu.

Miłego czytania!

Wydawnictwo Bezkresy Wiedzy

Program Mekongu dotyczący wody, środowiska i odporności
(M-POWER)

Program stypendiów naukowych
Dokument roboczy

Wpływ energii wodnej na warunki życia rolników w dorzeczu rzeki Srepok w Wietnamie: Studium przypadku projektu elektrowni wodnej Buon Tua Srah

Chau Thi Minh Long
Rolnictwo na Wysoczyźnie Zachodniej i
Instytut Nauk Leśnych (WASI)
Wietnam

grudzień 2012 r.

M-POWER oznacza Program Mekongu dotyczący wody, środowiska naturalnego
i odporność. Jesteśmy siecią współpracowników podejmujących badania oparte na działaniach, ułatwionym dialogu i pośrednictwie wiedzy w celu poprawy zarządzania zasobami wodnymi w regionie Mekongu w sposób, który wspiera zrównoważone źródła utrzymania oraz zdrowe społeczności i ekosystemy.

Dokumenty robocze są dostępne w formie elektronicznej na stronie http://www.mpowernetwork.org/.

SPIS TREŚCI

Streszczenie

Rzeka Srepok jest największą rzeką na Wyżynie Środkowej Wietnamu. Projekt elektrowni wodnej Buon Tua Srah jest jedną z siedmiu działających elektrowni wodnych na rzece. Projekt wywarł szereg skutków dla rolników, zwłaszcza na obszarach niższego szczebla.

Za pomocą metody badawczej wykorzystującej kwestionariusz, wywiady z kluczowymi informatorami, dyskusje w grupach fokusowych i obserwacje w terenie, badanie to ma na celu zrozumienie wpływu projektu elektrowni wodnej Buon Tua Srah na źródła utrzymania rolników w dolnym biegu rzeki, zwłaszcza w odniesieniu do gmin Duc Xuyen i Nam N'Dir w okręgu Krong No, w prowincji Dak Nong. Wyniki pokazują, że codzienne wahania poziomu wody, spowodowane uwolnieniem z tamy, spowodowały powodzie i erozję gleby zarówno w porze suchej, jak i deszczowej. Zdarza się, że rolnicy na dole rzeki nie mają wystarczającej ilości wody do nawadniania i do celów gospodarczych, ponieważ woda jest magazynowana do produkcji energii elektrycznej. Zasoby ryb zmniejszają się ze względu na wahania poziomu wody, zwłaszcza brak wody w porze suchej. Ogólnie rzecz biorąc, projekt przyczynił się do zubożenia ludzi na tym obszarze, a nie zmniejszył się.

Badanie zaleca przegląd funkcjonowania zapory i ustanowienie systemu wczesnego ostrzegania, w który można w pełni zaangażować społeczności zamieszkujące dolne biegu rzeki. Operatorzy tam muszą zapewnić rolnikom rekompensaty w postaci nowych gruntów rolnych lub przywróconych źródeł utrzymania.

Słowa kluczowe

Rzeka Srepok, Buon Tua Srah, hydroenergia, Dak Lak, źródła utrzymania w dole rzeki, Wietnam.

Lista tabel

Lista danych liczbowych

Lista skrzynek

Skróty

DFID	Departament Rozwoju Międzynarodowego
FAO	Organizacja ds. Wyżywienia i Rolnictwa
FIVAS	Association for International Water Studies
HHs	Gospodarstwa domowe
HP	Projekt dotyczący energii wodnej
MW	Megawat
NHP	Krajowy plan energetyki wodnej
SPSS	Pakiet statystyczny dla nauk społecznych
WASI	Instytut Nauk o Rolnictwie i Leśnictwie na Wyżynie Zachodniej (Western Highlands Agriculture and Forestry Science Institute)

Podziękowania

Pragnę przekazać moje szczere podziękowania wielu osobom i organizacjom, które pomagały mi i zachęcały mnie na różnych etapach tych badań. Nie udało by mi się ukończyć tego badania bez ich pomocy.

Chciałbym wyrazić mój najgłębszy szacunek i wdzięczność dla mojego mentora, dr Lilao Bouapao, za jego wsparcie i konstruktywne uwagi przez cały okres pracy badawczej.

Moje szczere podziękowania kieruję również do Kate Lazarus, koordynatorki M-POWER, za jej wskazówki i porady w całym okresie studiów. Pragnę również serdecznie podziękować Prof. Lu Xingowi za jego wsparcie w okresie badań. Wyrażam głęboką wdzięczność zespołowi roboczemu za wszelkiego rodzaju wsparcie w ukończeniu badań.

Jestem wdzięczny Programowi Mekongu na rzecz wody, środowiska i odporności (M-POWER) za wsparcie mojego stypendium naukowego. Wyrażam również uznanie dla Western Highland Agriculture and Forestry Science Institute (WASI) za udzielenie mi pozwolenia na studia.

Chciałbym podziękować urzędnikom z prowicji Dak Nong, dzielnicy Krong No, Duc xuyen i gminy Nam N'Dir w zbieraniu danych. Jestem wdzięczny rolnikom z gmin Duc xuyen i Nam N'Dir, którzy uprzejmie udzielili cennych informacji.

Moje szczere podziękowania kieruję również do moich kolegów, innych pracowników naukowych i rodziny, którzy pomagali mi i wspierali mnie podczas studiów.

Wpływ energii wodnej na warunki życia rolników w dorzeczu rzeki Srepok w Wietnamie: Studium przypadku projektu elektrowni wodnej Buon Tua Srah

Chau Thi Minh Long

1. Kontekst badania

Produkcja energii ma kluczowe znaczenie dla rozwoju i jest jednym z jego głównych motorów (Zerriffi 2011). Budowa zapór spowodowała wiele problemów społecznych, gospodarczych i środowiskowych, takich jak przesiedlenia społeczności oraz zmiany w przepływie i jakości wody (Bezuayehu 2006). Uszkodzenie rzeki stwarza bariery dla migracji gatunków ryb i zmienia systemy przepływu (SWECO *i in.* 2006), powodując zarówno erozję gleby, jak i degradację różnorodności łowisk.

Ponadto przypadkowe lub nagłe uwolnienie wody z projektów hydroelektrycznych może prowadzić do erozji gleby w dole rzeki i gwałtownych powodzi, które zmywają ogrody na brzegach rzek, prowadząc do utraty życia i mienia społeczności downstera ńskich. Dzienne wahania poziomu wody w rzece prowadzą do erozji brzegów rzeki i negatywnie wpływają na rolnictwo na jej brzegach (SWECO *i in.* 2006).

Rzeka Srepok, największa rzeka na południu Wyżyny Środkowej w Wietnamie, posiada siedem działających elektrowni wodnych. Projekty te spowodowały szereg problemów środowiskowych, w tym erozję gleby, utratę obszarów leśnych i różnorodności biologicznej oraz negatywny wpływ na ekosystemy wodne, np. zmniejszenie zasobów rybnych i utratę niektórych odmian ryb (Duong 2010).

Jednym z projektów hydroenergetycznych realizowanych w dorzeczu rzeki Srepok jest Buon Tua Srah, o mocy 86 megawatów (MW). Znajduje się na rzece Krong No, głównym dopływie rzeki Srepok, około 60 km na południowy wschód od miasta Buon Ma Thuot. Realizacja projektu rozpoczęła się w listopadzie 2004 roku, a zakończyła w czerwcu 2009 roku. Pierwsza turbina projektu rozpoczęła pracę we wrześniu 2009 roku.

Gminy Đuc Xuyen i Nam N'Dir, obszary objęte tym badaniem, znajdują się w dolnej części zapory, a ich łączna liczba ludności wynosi 10 324 osoby (na koniec 2011 roku), w tym społeczności Kinh, Ede, M'Nong, Thai i Dao. Większość rolników polega na uprawie takich roślin, jak kawa i inne uprawy gotówkowe. Jednak ze względu na wpływ tamy Buon Tua Srah duże obszary rolne zostały zalane i uległy erozji. Rolnicy mają wiele trudności, ponieważ tracą produktywność rolniczą. Przed rozpoczęciem realizacji projektu przeprowadzono ocenę oddziaływania na środowisko (OOŚ). W OOŚ stwierdzono, że skutki społeczne będą niewielkie. Jednak od czasu rozpoczęcia eksploatacji zapór wodnych pojawiło się wiele problemów na obszarach położonych w dole rzeki. Informacje o oddziaływaniu zapory na źródła utrzymania po zakończeniu realizacji projektu są ograniczone. Badanie to ma na celu zrozumienie piętrzenia rzeki Srepok na potrzeby energii wodnej oraz wpływu na źródła utrzymania rolników w przypadku projektu hydroenergetycznego Buon Tua Srah.

2. Przegląd teoretyczny

2.1. *Definicje pojęciowe*

2.1.1. Gospodarstwa domowe

Według Chamber and Conway (1992): "Utrzymanie obejmuje zdolności, majątek i działania niezbędne do utrzymania środków do życia". Utrzymanie się jest trwałe, gdy jest w stanie poradzić sobie ze stresem i wstrząsami, a także utrzymać lub zwiększyć swoje możliwości i aktywa zarówno obecnie, jak i w przyszłości, nie naruszając jednocześnie bazy zasobów naturalnych. "

Ellis (2000) zdefiniował termin "środki utrzymania" jako "aktywa (kapitał naturalny, fizyczny, ludzki, finansowy i społeczny), działania i dostęp do nich (za pośrednictwem instytucji i relacji społecznych), które razem decydują o życiu jednostki lub gospodarstwa domowego. "

Inna definicja zawarta w wytycznych FAO (2002) jest następująca: "Życie to nie tylko działalność, którą ludzie wykonują, by zarobić na życie. Oznacza to wszystkie różne elementy, które przyczyniają się do lub wpływają na ich zdolność do zapewnienia sobie i swojemu gospodarstwu domowemu życia. To obejmuje: (i) aktywa, do których gospodarstwo domowe jest w stanie uzyskać dostęp do kapitału naturalnego, fizycznego, ludzkiego, finansowego i społecznego; (ii) działalność umożliwiająca gospodarstwom domowym korzystanie z tych aktywów w celu zaspokojenia ich podstawowych potrzeb; (iii) różne czynniki, których gospodarstwa domowe mogą nie być w stanie bezpośrednio kontrolować, takie jak klęski żywiołowe, pory roku lub trendy gospodarcze wpływające na ich podatność na zagrożenia; (iv) polityki, instytucje i procesy, które mogą im pomóc lub utrudnić osiągnięcie odpowiedniego poziomu życia".

Podsumowując, podejście oparte na zrównoważonych źródłach utrzymania stawia w centrum analizy i działań środki utrzymania osób ubogich. Koncentruje się on na głównych czynnikach wpływających na środki do życia osób ubogich oraz na relacjach między tymi czynnikami. W niniejszym opracowaniu podjęto próbę skupienia się na wpływie projektów zapór na źródła utrzymania rolników.

2.1.2. Podatność

Podatność można zdefiniować jako zdolność jednostek i grup społecznych do przygotowania się do katastrofy lub przystosowania się do jakiegokolwiek stresu (Kelly i Adger 2000). Folke *i in.* (2002) twierdzą, że zrozumienie słabości jest kluczem do rozwiązania problemu odporności. Odpornością ubogich jest ich zdolność do przezwyciężania skutków zmian i wstrząsów. Odporność różni się znacznie w zależności od gospodarstwa domowego w przypadku wstrząsu w tym samym miejscu. Podatność w rozumieniu DFID (1999) to stopień podatności ludzi na wstrząsy (powodzie, susze, burze, itp.), zmiany lub trendy (zaludnienie, gospodarka, zasoby, itp.) lub zmiany sezonowe (możliwości zatrudnienia, ceny i produkcja). Kontekst wrażliwości źródeł utrzymania odnosi się do wstrząsów, tendencji i sezonowości (DFID, 1999).

W obszarze objętym badaniem, ludzie są bezbronni, ponieważ żyją z wieloma trudnościami; bezbronność pomaga zrozumieć, w jakim stopniu różne rodzaje wstrząsów, tendencji i sezonowości wpływają na ludzi i ich środki do życia oraz jakie rodzaje środków do życia wybierze każde gospodarstwo domowe, będą wyraźnie zależeć od jego majątku.

2.2. Relacje między ubóstwem, ryzykiem i podatnością na zagrożenia

Ludzie zubożali są zazwyczaj bardziej narażeni ze względu na swoją zależność od zasobów naturalnych, ograniczony dostęp do zasobów i mniejszą zdolność do wychodzenia ze skutków zdarzeń ekstremalnych. W górach ludzie zazwyczaj żyją z zagrożeniami takimi jak susze i powodzie. Biorąc pod uwagę fakt, że żyją oni z wieloma zagrożeniami, osoby ubogie i zmarginalizowane są często bardziej narażone niż inne grupy (Jianchu i Rajesh 2011).

2.3. Wpływ piętrzenia rzeki na energię wodną

Wiele badań wykazało, że piętrzenie rzek ma wpływ na środki utrzymania rolników, zwłaszcza na obszarach położonych poniżej zapór. Watson i Schouten (2001) ujawnili, że tama Nam Song Diversion w Laosie dotknęła ponad 1000 rodzin w 13 wioskach z powodu spadku rybołówstwa, zamiatania łodzi i sieci rybackich oraz utraty gruntów rolnych z powodu powodzi lub erozji. Ponadto, nagłe uwolnienie wody z tamy spowodowało również śmierć ośmiu osób.

FIVAS (2007) stwierdził, że projekt elektrowni wodnej Theun-Hinboun w Laosie zmniejszył ilość ryb w trzech rzekach objętych projektem o 30 do 70%. Projekt spowodował również erozję i powodzie w dolnym biegu rzeki, co doprowadziło do utraty mokrych terenów podmokłych i wielu innych problemów, takich jak choroby skóry, zanieczyszczenie wody i śmierć zwierząt gospodarskich w wyniku utonięcia; 30 000 osób w górnym i dolnym biegu rzeki zostało dotkniętych tym problemem. Shoemaker *et al.* (2001) stwierdzili, że około 120,000 ludzi mieszkających nad rzeką Xe Bang Fai zostało dotkniętych przez projekt elektrowni wodnej Nam Theun 2. Projekt spowodował również erozję gleby, zalanie i sedymentację. Nam Theun 2 spowodował cotygodniowe wahania poziomu wody i zintensyfikował erozję gleby na terenach położonych w dole rzeki (Shannon 2010). Kummu i Varis (2007) stwierdziły, że zapory wodne wpływają na przepływy rzeczne. Powoduje to zmiany w czasie trwania i przebiegu rocznych powodzi. Według Maiklada (1999): "Po wybudowaniu tamy, większość ludzi mieszkających w dole tamy wierzy, że będą całkowicie bezpieczni przed powodzią".

Obszary objęte tym badaniem znajdują się w odległych obszarach górskich. Projekty z zakresu energetyki wodnej prowadzą do dramatycznych zmian w reżimie hydrologicznym rzeki, a następnie wywierają negatywny wpływ na lokalne źródła utrzymania, zwłaszcza na społeczności etniczne zamieszkujące odległe i górskie obszary. Na obszarach górskich ludzie często muszą stawiać czoła i radzić sobie z naturalnymi zagrożeniami, takimi jak powodzie, susze i trzęsienia ziemi, które mogą zniszczyć grunty rolne i spowodować głód, głód i wybuchy chorób (Xu i Ranna 2005). Powodzie mogą być powodowane przez klęski żywiołowe lub procesy ludzkie, takie jak nagłe uwolnienie wody z projektów zapór. Kiedy klęski żywiołowe mają miejsce na obszarach górskich, biedni, ludność etniczna, kobiety i dzieci są najbardziej zagrożonymi grupami i często są najbardziej dotknięte (Jianchu i Rajesh 2011).

2.4. Rozwój energetyki wodnej w Wietnamie

Wietnam posiada około 360 lokalizacji odpowiednich do instalacji elektrowni wodnych, o łącznej mocy zainstalowanej 17 500 MW (Chan 2005). Nie obejmuje to innych mniejszych elektrowni wodnych. Obecnie energia wodna stanowi 30,99% produkcji energii elektrycznej Rysunek 2.1).

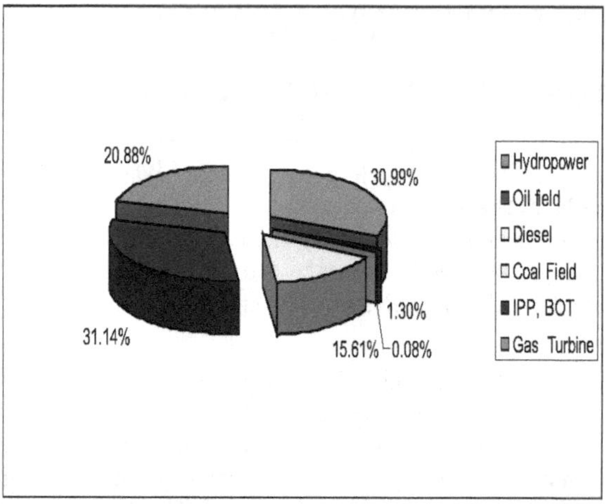

Rysunek 2.1: Dystrybucja źródeł energii elektrycznej

Źródło: Energia elektryczna w Wietnamie, 2008.

W dorzeczu rzeki Srepok zbudowano siedem elektrowni wodnych (rysunek 2.2.). Z wielu badań wynika, że obecna strategia rozwoju energetyki wodnej, w ramach której wiele projektów jest planowanych i realizowanych w tym samym czasie, wiąże się z szeregiem wyzwań i skutków, takich jak przesiedlenie dotkniętych nimi społeczności na dużą skalę oraz zapewnienie alternatywnych źródeł utrzymania.

Badanie to ma na celu ocenę wpływu energii wodnej na źródła utrzymania rolników w dorzeczu rzeki Srepok w Wietnamie w przypadku projektu hydroenergetycznego Buon Tua Srah. Na tej podstawie w opracowaniu omówiono możliwe rozwiązania w zakresie łagodzenia skutków zmian klimatycznych ze społecznościami, urzędnikami i inwestorami z branży hydroenergetycznej.

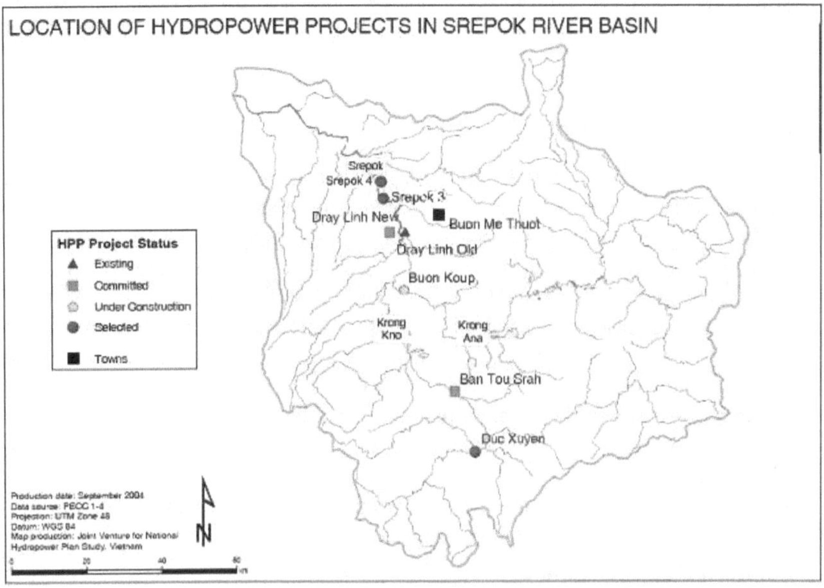

Rysunek 2.2: Projekty dotyczące energii wodnej w dorzeczu rzeki Srepok, Wietnam Źródło: NHP, 2005.

3. Opis metodologiczny

3.1. Miejsca badań

Gminy Duc Xuyen i Nam D'Nir znajdują się w dolnym biegu rzeki Krong No, jednego z głównych dopływów rzeki Srepok, w okręgu Krong No w prowincji Daknong. Mieszkańcy to w większości imigranci i pochodzą z innych prowincji Wietnamu. Podczas gdy większość ludzi w Duc Xuyen to Kinhowie z centralnego wybrzeża Wietnamu, większość mieszkańców Nam D'Nir to mniejszości etniczne z północy. Gminy te są często dotknięte skutkami powodzi i erozji brzegów rzek w wyniku przypadkowego uwolnienia wody, które ma miejsce w trakcie eksploatacji zapory wodnej Buon Tua Srah. W związku z tym te dwie gminy są reprezentatywne dla analizy wpływu zapór wodnych na warunki życia rolników na obszarach w dole rzeki w dystrykcie Krong No w prowincji Daknong w Wietnamie.

3.2. Podejście badawcze

W trakcie badania wykorzystano podejście partycypacyjne w celu zebrania zarówno danych jakościowych, jak i ilościowych. Dane jakościowe to opinie respondentów, a dane ilościowe to informacje na temat użytkowania gruntów, powodzi i erozji gruntów rolnych itp.

3.3. Metoda badawcza

Zastosowano wiele metod gromadzenia danych. Podczas realizacji badań wykorzystano ankiety do zebrania danych pierwotnych. Dane te obejmowały charakterystykę społeczno-gospodarczą i lokalizację gospodarstw domowych, zebrane w ramach badania gospodarstw domowych przy użyciu kwestionariuszy. Wykorzystano również narzędzia partycypacyjnej oceny obszarów wiejskich (PRA), w tym wywiady semi-strukturalne, wywiady z kluczowymi informatorami, dyskusje grupowe i obserwacje terenowe. Dane wtórne obejmowały mapy i raporty Departamentu Rolnictwa i Rozwoju Wsi Dak Nong, Departamentu Środowiska i Zasobów Dak Nong, Departamentu Zapobiegania Powodziom i Katastrofom Dak Nong, Powiatowego Komitetu Ludowego i Gminnego Komitetu Ludowego, książkę roku statystycznego, a także artykuły z czasopism. Zebrane dane zostały przeanalizowane przy użyciu oprogramowania SPSS i Microsoft Excel.

3.4. Metoda pobierania próbek

Do wyboru okręgu Krong No w prowincji Dak Nong została użyta celowa metoda pobierania próbek. Następnie wykorzystano metody celowego pobierania próbek w celu wybrania gmin Duc Xuyen i Nam N'Dir oraz gospodarstw domowych w obu gminach. Następnie zastosowano metodę losowego doboru gospodarstw domowych do badania ankietowego (rys.3.1).

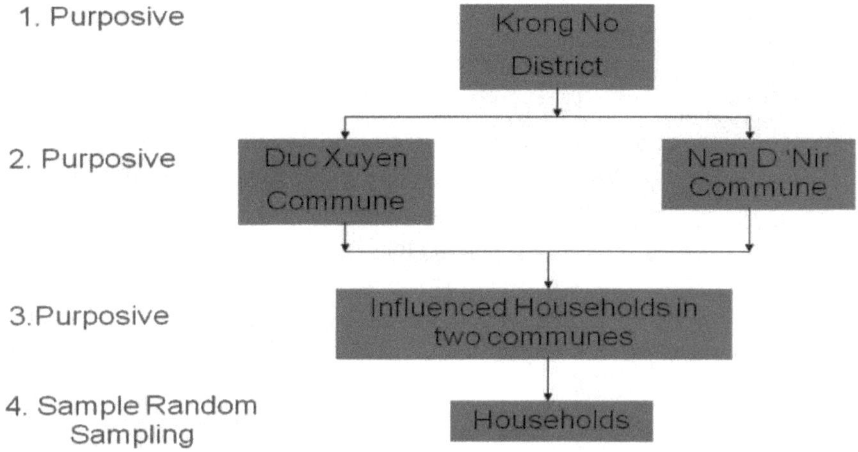

Rysunek 3.1: Metoda pobierania próbek

3.5. Wielkość próbki

Liczebność próby do badania gospodarstw domowych została określona przy użyciu wzoru z Miala (1993), w następujący sposób:

$$n = \frac{N.z^2.p.(1-p)}{N.d^2+z^2.p.(1-p)}$$

Gdzie;

n: wielkość próbki

N: Ludność ogółem

z: Wartość statystyczna odpowiadająca poziomowi ufności

d: Precyzja

p: Proporcja populacji próby

Do badania wybrano łącznie 90 gospodarstw domowych, w tym 57 dotkniętych gospodarstw domowych w gminie Duc Xuyen i 33 w gminie Nam N'Dir (Tabela 3.1).

Tabela 3.1: Wielkość próbki

Gminy	Ogółem dotknięte HHs	Próbka HHs	Procent (%)
Duc Xuyen	141	57	40
Nam N'Dir	83	33	40
Razem	224	90	40

Uwaga: HH: gospodarstwo domowe; dotknięte gospodarstwo domowe to gospodarstwo domowe, na które oddziałuje energia wodna.

Ramy badawcze zostały opisane na rysunku 3.2.

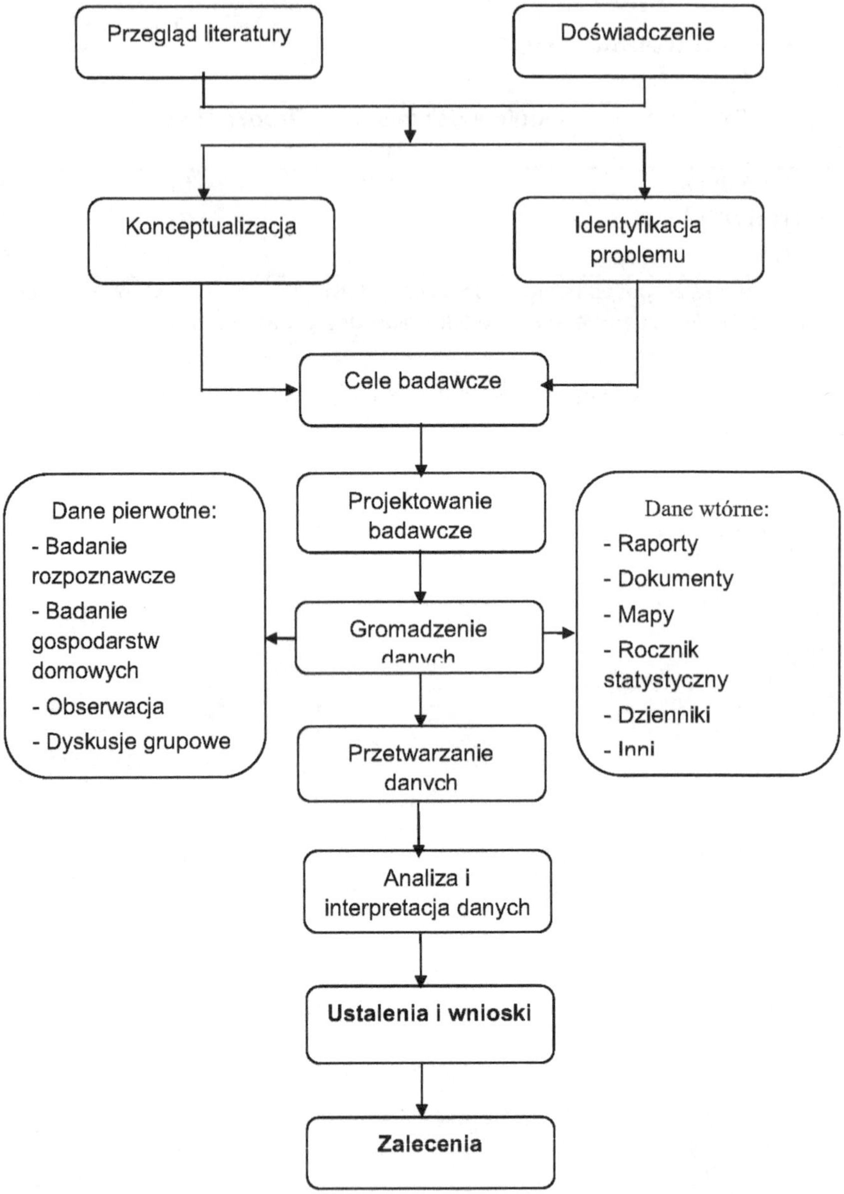

Rysunek 3.2: Ramy badań

4. Wyniki i dyskusja

4.1. Profil projektu elektrowni wodnej Buon Tua Srah

4.1.1 Charakterystyka projektu

Rzeka Srepok jest jednym z głównych dopływów rzeki Mekong. Jest to jedna z trzech największych rzek na Wyżynie Środkowej Wietnamu. Rzeka Srepok składa się z dwóch dopływów, a mianowicie z rzek Krong Kno i Krong Kna. Projekt elektrowni wodnej Buon Tua Srah znajduje się około 14 km w dół rzeki Krong Kno, głównego dopływu rzeki Srepok. Jest to około 60 km na południowy wschód od miasta Buon Ma Thuot w prowincji Dak Lak. Składa się z zapory wału o wysokości 83 m i rozlewiska po prawej stronie rzeki. Zbiornik ma powierzchnię 37,1 km2, a jego łączny magazyn wynosi 787 Mm3. Istnieją dwie turbiny, o łącznej mocy zainstalowanej 86 MW. Pierwsza turbina rozpoczęła pracę w 2009 roku.

Główne parametry projektu elektrowni wodnej Buon Tua Srah przedstawiono w tabeli 4.1.

Tabela 4.1: Parametry projektu elektrowni wodnej Buon Tua Srah

Pozycja	Jednostka	Wartość
Obszar zlewni	km2	2,930
Średni roczny przepływ	m3/s	99.5
Zbiornik w FSL	km2	37.1
Całkowite składowanie zbiornika	Mm3	787
Składowanie aktywne zbiornika	Mm3	483
Powódź projektowana na wypadek rozsypania	m3/s	4,449
Wyładowanie projektu turbiny	m3/s	204.9
Pojemność zainstalowana	MW	86
Średni roczny potencjał energetyczny	GWh	385.4

Źródło: SWECO *et al.* 2006.

4.1.2. Funkcjonowanie projektu

W porze suchej, zbiornik magazynuje wodę do produkcji energii elektrycznej. W tym czasie nie ma prawie żadnej wody w dole rzeki, co prowadzi do braku wody do nawadniania na tym obszarze. Zazwyczaj zapora wypuszcza wodę dwa razy dziennie:

od 9:00 do 11:00 i od 18:00 do 21:00. Woda z odprężaniem płynie w dół rzeki w tempie 204 m3 /s, podobnym do tempa przepływu wody w sezonie powodziowym (Bao moi 2010). Wahania w przepływie wody wpływają na siedliska ryb w rzece i cykl życiowy ryb. Zazwyczaj rolnicy nie są zaangażowani w strategię uwalniania wody w ramach projektu hydroenergetycznego i brakuje im informacji na temat funkcjonowania zapór w górnym biegu rzeki.

Funkcjonowanie projektu stwarza problemy dla ludzi w dole rzeki, takie jak utrata gruntów rolnych z powodu erozji i powodzi. Dotknięci problemem rolnicy składają skargi na ten problem do urzędników gminnych. Skargi są następnie przekazywane operatorowi hydroenergetyki; zwykle potrzeba dużo czasu, aby uzyskać od niego odpowiedź.

4.2. Status społeczno-gospodarczy i środowiskowy gminy Duc Xuyen

4.2.1. Topografia

Duc Xuyen jest oddaloną gminą w okręgu Krong No, w prowincji Dak Nong. Duc Xuyen znajduje się około 23 km na południe od centrum dzielnicy. Graniczy ona z gminą Dak Nang na południu, z gminą Ea Rbin na wschodzie, z gminą Nam Nung na zachodzie i z gminą Nam N'Dir na północy.

Gmina położona jest na wysokości 650-700 m, o średnim nachyleniu 15-200 m (Urząd Gminy Duc Xuyen 2011). Topografia jest złożona, z wieloma wzgórzami i dolinami. Dlatego też mieszkańcy w większości muszą mieszkać z dala od swoich gruntów rolnych.

4.2.2. Warunki klimatycznes

Na Wyżynie Środkowej występują dwie odrębne pory roku: pora deszczowa, od maja do listopada, oraz pora sucha, od grudnia do kwietnia. Intensywność opadów jest największa w lipcu, sierpniu i wrześniu. Średnia roczna temperatura wynosi 22,^{60C}. Średnia roczna suma opadów wynosi 1 800 -1 900 mm (Rocznik Statystyczny Dak Nong 2011).

4.2.3. Użytkowanie gruntów

Całkowita powierzchnia gminy Duc Xuyen wynosi 10 112,13 ha, która jest podzielona między różne sektory. Większość gruntów jest przeznaczona na leśnictwo (87,83% całkowitej powierzchni gruntów), natomiast przydział gruntów rolnych w gminie jest niewielki (8,29%). W związku z tym, przeciętna powierzchnia użytków rolnych na mieszkańca jest również niewielka (0,26 ha/osobę) (Urząd Gminy Duc

Xuyen 2011) (Tabela 4.2).

Tabela 4.2: Przydział gruntów w gminie Duc Xuyen

Przeznaczenie gruntów	Powierzchnia (ha)	(%)
Grunty rolne	838.73	8.29
Grunty leśne	8,881.80	87.83
Grunty rybackie	4.30	0.04
Inne używane grunty	165.27	1.63
Nieużywany teren	222.00	2.20
Razem	**10,112.10**	**100**
Średnia powierzchnia gruntów rolnych na mieszkańca (ha)	**0.26**	

Źródło: Urząd Gminy Duc Xuyen Urząd Administracji Gruntami, 2011.

4.2.4. Ludność

Na koniec 2011 r. gmina Duc Xuyen liczyła 3 229 mieszkańców, w tym 792 gospodarstwa domowe. Większościowa grupa etniczna to grupa etniczna Kinh, która składa się z 3 069 osób, w 744 gospodarstwach domowych i stanowi 93% populacji. Reszta populacji składa się z różnych grup etnicznych, w tym mniejszości etnicznej M'nong, składającej się ze 126 osób w 29 gospodarstwach domowych i stanowiącej 4% populacji; mniejszości etnicznej Mong, składającej się z 42 osób w 8 gospodarstwach domowych, stanowiącej 1% populacji; a pozostałe grupy mniejszości etnicznych, takie jak Ede, Tay i Nung, mają 62 osoby w 11 gospodarstwach domowych, stanowiących 2% populacji (rys. 4.1). Gęstość zaludnienia gminy jest bardzo niska i wynosi 31 osób/km2 (Urząd Statystyczny Gminy Duc Xuyen 2011).

4.2.5. Stan ekonomicznys

Gospodarka gminy opiera się głównie na rolnictwie. Stanowi ona 87% działalności gospodarczej gminy. Pozostała część gospodarki opiera się na produkcji rękodzieła, świadczeniu innych usług, takich jak usługi stolarskie i rolnicze oraz prowadzeniu małych przedsiębiorstw (rys. 4.2).

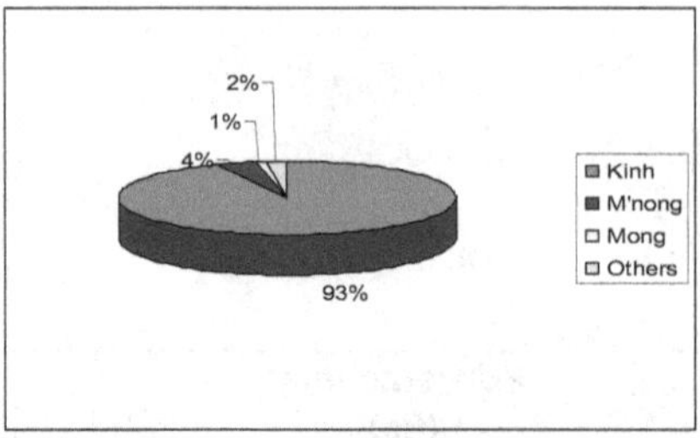

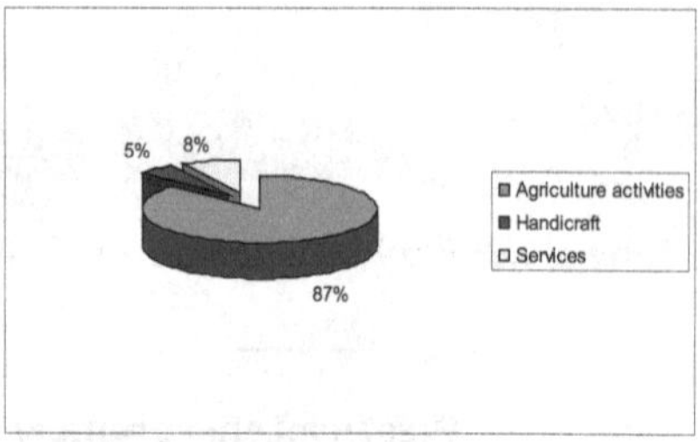

Źródło: Urząd Statystyczny Gminy Duc Xuyen, 2011.

Rysunek 4.1: Dystrybucja etniczna w Gmina Duc Xuyen

Rysunek 4.2: Sektory gospodarki w Gmina Duc Xuyen

W sektorze rolnictwa podstawową działalnością jest uprawa roślin i hodowla zwierząt. Główne uprawy na tym obszarze to kukurydza hybrydowa, mokry ryż, różne gatunki ziaren, maniok, kawa i nerkowiec. Największa powierzchnia jest wykorzystywana pod uprawę kukurydzy (605 ha), następnie kawy (152 ha) i mokrych gruntów ryżowych (150 ha). Na terenie gminy hodowane są również zwierzęta gospodarskie, w tym bawoły, bydło, świnie, kury i kaczki (Urząd Statystyczny Gminy Duc Xuyen 2011) (tabela 4.3).

Tabela 4.3: Rozmieszczenie głównych rodzajów działalności rolniczej w gminie

Duc Xuyen

Działalność rolnicza	Wartość
1. Rośliny uprawne (ha):	
Kukurydza	605
Mokry ryż	150
Różne gatunki fasoli	20
Cassava	30
Warzywo	30
Kawa	152
Nerkowiec	49
2. Zwierzęta (głowa):	
Buffalo	45
Bydło	230
Świnia	1750
Kurczak i kaczki	17,500

Źródło: Urząd Statystyczny Gminy Duc Xuyen, 2011.

Z tabeli jasno wynika, że źródła utrzymania mieszkańców w gminie Duc Xuyen opierają się głównie na działalności rolniczej. Dlatego też rolnicy często napotykają na trudności w przypadku wystąpienia suszy i powodzi.

4.3. Status społeczno-gospodarczy i środowiskowy gminy Nam N'Dir

4.3.1. Topografia

Nam N'Dir jest również odległą gminą w okręgu Krong No, w prowincji Dak Nong. Znajduje się on około 13 km na południe od centrum dzielnicy. Graniczy ona z gminą Duc Xuyen na południu, z gminą Ea Rbin na wschodzie, z gminą Nam Nung na zachodzie i z gminą Dak Ro na północy. Topografia gminy jest skomplikowana z wieloma wzgórzami, potokami, dolinami i tamami - zarówno naturalnymi jak i stworzonymi przez człowieka.

4.3.2. Warunki klimatycznes

Ponieważ gmina znajduje się w pobliżu gminy Duc Xuyen, warunki klimatyczne gminy są takie same jak w gminie Duc Xuyen.

4.3.3. Użytkowanie gruntów

Gmina Nam N'Dir ma łączną powierzchnię 11 578,35 ha, która jest przeznaczona dla różnych sektorów. Głównie obszar ten przeznaczony jest na cele leśne (48,30%) i rolne (43,97%). Średnia powierzchnia gruntów rolnych na mieszkańca wynosi 0,76 ha (Nam N'Dir Urząd Gminy Administracji Gruntów 2011) (Tabela 4.4).

Tabela 4.4: Przydział gruntów w gminie Nam N'Dir

Przeznaczenie gruntów	Powierzchnia (ha)	(%)
Grunty rolne	5,091.36	43.97
Grunty leśne	5,591.98	48.30
Grunty rybackie	12.84	0.11
Inne używane grunty	710.74	6.14
Nieużywany teren	171.43	1.48
Razem	11,578.35	100
Średnia powierzchnia gruntów rolnych na mieszkańca	0.72	

Źródło: Nam N'Dir Commune Office for Land Administration, 2011.

4.3.4. Ludność

Na koniec 2011 r. gmina Nam N'Dir liczyła 7 095 osób, w sumie 1 442 gospodarstwa domowe. Ludność gminy składa się głównie z mniejszości etnicznych. Największą grupą w tej gminie jest taońska mniejszość etniczna, składająca się z 880 gospodarstw domowych, w których mieszka 4 399 osób, co stanowi 62 % ludności. Następna jest mniejszość etniczna M'nong, składająca się z 230 gospodarstw domowych liczących 1.140 osób, co stanowi 16% populacji. Grupa Kinh składa się ze 185 gospodarstw domowych liczących 775 osób, co stanowi 11% populacji. Reszta to inne grupy etniczne, takie jak Nung, Hoa i Thai, składające się ze 147 gospodarstw domowych liczących 781 osób, co stanowi 11% populacji (rys. 4.3). Gęstość zaludnienia gminy wynosi 61 osób/km2 (Nam N'Dir Gminny Urząd Statystyczny 2011).

4.3.5. Stan ekonomicznys

Gospodarka gminy opiera się głównie na rolnictwie. Około 90% ludności gminy zajmuje się działalnością rolniczą. Reszta gospodarki opiera się na usługach, takich jak prowadzenie sklepu spożywczego i małych przedsiębiorstw na rynkach, oraz usługach rolniczych (rys. 4.4).

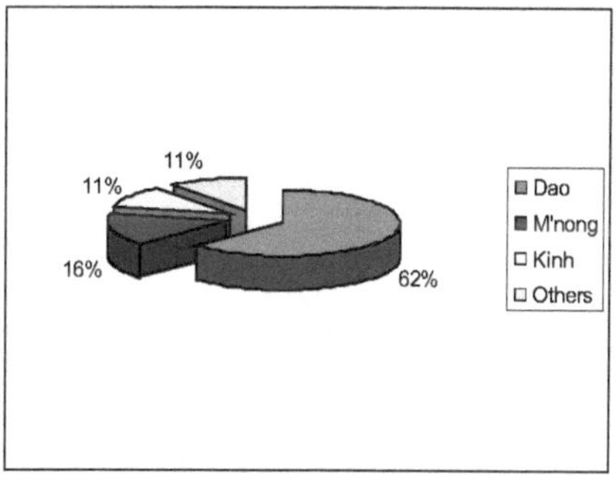

Źródło: Urząd Statystyczny Gminy Nam N'Dir, 2011 r.

Rysunek 4.3: Dystrybucja etniczna w gminie Nam N'Dir

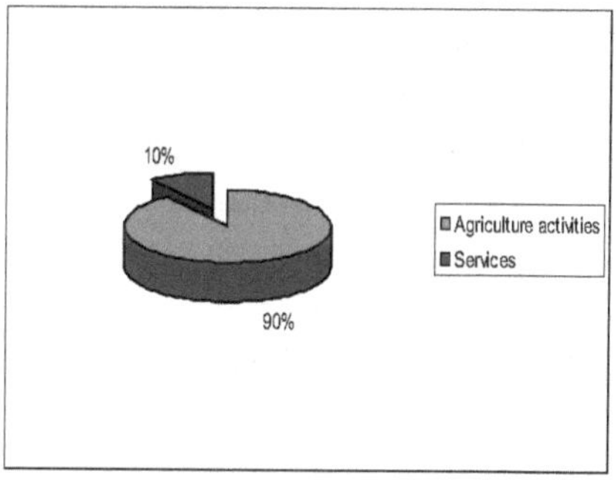

Rysunek 4.4: Sektory gospodarki w Gmina Nam N'Dir

Główne uprawy na tym obszarze to kukurydza hybrydowa, mokry ryż, kawa, guma, nerkowiec, drzewo owocowe i inne uprawy roczne, takie jak zielone ziarno fasoli i maniok. Głównym źródłem dochodów rolników w gminie jest uprawa kukurydzy, która zajmuje również największą ilość gruntów rolnych na tym obszarze (1 495,55 ha). Następnie jest to guma o powierzchni 1.119 ha, inne uprawy roczne, takie jak maniok i fasola (598,71 ha) oraz mokry ryż o powierzchni 335,68 ha. Uprawa ryżu jest przeznaczona głównie do konsumpcji w gospodarstwach domowych. Bydło na tym obszarze to bydło, świnie, kury i kaczki; hodowla świń, kurcząt i kaczek to inne źródła dochodów rolników w gminie. W przeszłości niektórzy rolnicy we wsi tao łowili ryby w rzece na potrzeby gospodarstwa domowego i sprzedawali je do restauracji w celu uzyskania dodatkowego dochodu, ale nie jest to już jedna z kluczowych działalności w gminie (tabela 4.5).

Tabela 4.5: Podział głównych rodzajów działalności rolniczej w gminie Nam N'Dir

Działalność rolnicza	Wartość
Rośliny uprawne (ha)	
Kukurydza	1,495.55
Mokry ryż	335.68
Inne uprawy roczne	598.71
Kawa	392
Pieprz czarny	7
Guma	1,119
Nerkowiec	283
Drzewa owocowe	21
Zwierzęta (głowa)	
Bydło	45
Świnia	2,893
Kurczak i kaczki	18,100

Źródło: Nam N'Dir Commune Statistical Office, 2011.

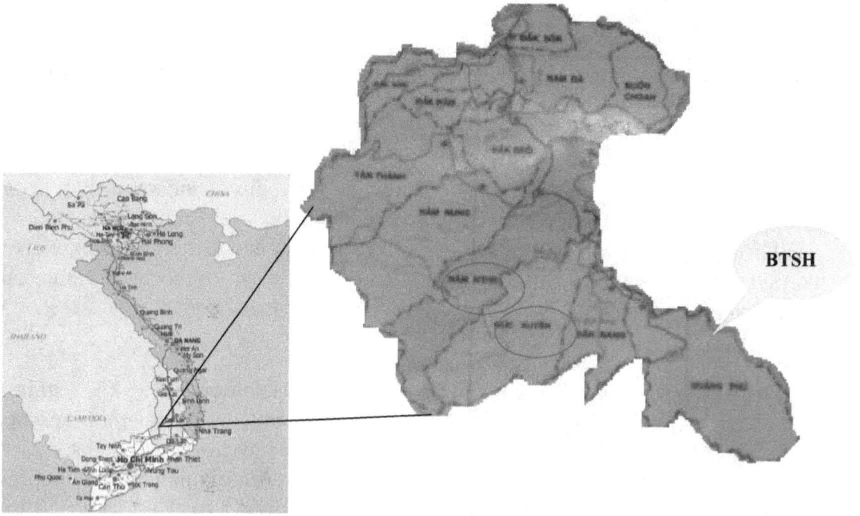

Rysunek 4.5: Lokalizacja gmin Duc Xuyen i Nam N'Dir oraz projektu Buon Tua Srah Hydro (BTSHP) w dystrykcie Krong No w prowincji Dak Nong w Wietnamie.

4.4. Wpływ piętrzenia rzek na źródła utrzymania rolników w dolnym biegu rzeki

4.4.1. Charakterystyka społeczno-ekonomiczna badanych gospodarstw domowych (HH)

Cechy społeczno-ekonomiczne respondentów są ważnymi czynnikami, które mogą mieć wpływ na ich środki do życia. Cechy te obejmują wiek, status wykształcenia, wielkość gospodarstwa domowego, pracę w gospodarstwie domowym, wielkość gospodarstwa i zawód. Gospodarstwa domowe o różnych cechach społeczno-ekonomicznych mogą mieć różne rodzaje działalności zarobkowej.

W celu uzyskania informacji na poziomie gospodarstwa domowego wykorzystaliśmy kwestionariusz ankietowy. Z wywiadów z urzędnikami gminy wynika, że osoby dotknięte zaporą zostały wymienione. Z listy wybrano losowo 90 gospodarstw domowych. Spotkania z władzami lokalnymi i mieszkańcami miały na celu poprawę sytuacji ekonomicznej gospodarstw domowych. Ze spotkań podzieliliśmy gospodarstwa domowe na 3 grupy pod względem kondycji ekonomicznej. Gospodarstwo domowe o lepszej sytuacji materialnej dysponuje gruntami rolnymi większymi niż przeciętna ziemia rolna przypadająca na jedno gospodarstwo domowe w gminie, dużym domem wykonanym z cegły i cementu oraz wystarczającą ilością żywności dla rodziny przez cały rok; średnie gospodarstwo domowe dysponuje gruntami rolnymi równymi przeciętnej ziemi rolniczej przypadającej na jedno gospodarstwo domowe w gminie, domem wykonanym z cegły i cementu oraz wystarczającą ilością żywności; natomiast biedne gospodarstwo domowe dysponuje gruntami rolnymi mniejszymi niż przeciętna ziemia rolna w gminie, prosty dom może być wykonany z drewna, a także brakiem żywności. Wśród gospodarstw domowych, które ucierpiały, jest tylko 14 gospodarstw domowych, które osiągnęły lepsze wyniki (16,6%), 18 gospodarstw domowych o średnim poziomie trudności (20,0%), a główny rodzaj dotkniętej choroby to gospodarstwa ubogie, 58 gospodarstw domowych, za 64,4%. Istnieje 36,7% gospodarstw domowych mniejszości etnicznych i wszystkie one wyemigrowały z Północy Wietnamu.

Wyniki badania gospodarstw domowych wskazują, że jeśli chodzi o płeć respondentów, okazało się, że odsetek respondentów płci męskiej i żeńskiej był zupełnie inny. Ogółem ponad dwie trzecie respondentów to mężczyźni, reszta to kobiety. Jest to zwyczaj rolników na obszarach wiejskich w Wietnamie. Większość mężczyzn uczestniczy w spotkaniach i szkoleniach w wiosce, natomiast kobiety są zajęte swoimi dziećmi i pracami domowymi. Z badania wynika, że średnia wieku respondentów wynosiła 44 lata (tabela 4.6).

Jeśli chodzi o poziom wykształcenia respondentów, stwierdzono, że większość z nich posiada wykształcenie formalne. Ponad połowa respondentów ukończyła szkołę średnią: 78,6% i 55,6% odpowiednio w grupach lepiej sytuowanych i średnich. W grupie ubogiej była jeszcze część analfabetów (3,4%) i większość z nich ukończyła szkołę podstawową i pierwszy poziom szkoły średniej. Natomiast zebrane dane wykazały, że lepiej sytuowani rolnicy mają wyższy poziom wykształcenia niż pozostali (7,1% z wykształceniem średnim) (tabela 4.6). Szkolnictwo wyższe może zapewnić rolnikom większą zdolność do zrozumienia postępu w technologii rolniczej niż inne. Lepiej sytuowani rolnicy mają również większe możliwości zatrudnienia niż inni.

W badanym obszarze większość gospodarstw domowych obejmuje więcej niż dwa pokolenia; dziadkowie mogą mieszkać z rodzicami i dziećmi. Dlatego też wielkość gospodarstwa domowego jest często większa niż dwóch członków (tabela 4.6). Przeciętna wielkość gospodarstwa domowego wynosi 5,4 i nie różni się tak bardzo pomiędzy grupami ekonomicznymi.

W Wietnamie pracownicy najemni to osoby zatrudnione i w wieku od 18 do 55 lat dla kobiet i od 18 do 60 lat dla mężczyzn. Nie ma różnicy w zakresie pracy gospodarstw domowych pomiędzy grupami ekonomicznymi. Przeciętna siła robocza gospodarstwa domowego wynosi 2,3 (tabela 4.6).

Jeśli chodzi o wielkość gospodarstwa, stwierdzono, że średnia wielkość gospodarstwa wynosi 2 ha/gospodarstwo domowe i jest różna w różnych grupach ekonomicznych. Zauważa się, że gospodarstwa domowe o lepszej sytuacji materialnej miały największy przydział gruntów rolnych (3,6 ha). Ubogie gospodarstwa domowe miały najmniejszy przydział gruntów rolnych (1,5 ha), natomiast średnie grupy miały 2,7 ha (tabela 4.6). Używając jednokierunkowego testu ANOVA z testem LSD (najmniej znacząca różnica), aby sprawdzić, czy istnieją różnice w wielkości gospodarstwa domowego pomiędzy trzema grupami ekonomicznymi. Wyniki pokazują, że istnieje znaczne zróżnicowanie wielkości gospodarstw domowych w poszczególnych grupach ekonomicznych na poziomie 95% zaufania. Rolnicy na badanym obszarze są uzależnieni głównie od działalności rolniczej. Wszystkie one polegają na uprawie roślin. Dwie trzecie z nich angażuje się w rozwój hodowli, przy czym w działalność tę zaangażowani są wszyscy rolnicy z lepszej i średniej półki, ale tylko nieco ponad połowa ubogich rolników (tabela 4.6). Dzięki obserwacji zauważono, że rodzaj zwierząt gospodarskich hodowanych przez grupy również jest inny. Dzieje się tak dlatego, że biednym rolnikom może brakować kapitału na inwestycje i paszy, ponieważ mają mniej gruntów rolnych.

Drobna działalność gospodarcza pomaga rolnikom na obszarach wiejskich w uzyskaniu dochodów pieniężnych. Stwierdzono, że ponad połowa lepiej sytuowanych rolników uczestniczy w tych działaniach. Jedna trzecia ubogich rolników musi pracować jako siła robocza, aby poprawić swoje dochody, ale praca ta nie jest często pewna.

Na badanych obszarach rolnicy uprawiają wiele rodzajów upraw, takich jak kawa, kukurydza, ryż, maniok i różne rodzaje ziaren. We wsiach sadzone są również drzewa owocowe. Kawa jest głównym źródłem gotówki, którym rolnicy zajmują się prawie przez cały rok. Ryż i kukurydza to dwie główne uprawy roczne na tych obszarach. Pola ryżowe mogą mieć dwie uprawy w roku. Pierwszy zbiór trwa od grudnia do kwietnia, a drugi od końca maja do października. Kukurydza może być uprawiana jako jedno- lub dwukrotna w ciągu roku, w zależności od pogody. Roczny kalendarz upraw pokazuje, że rolnicy w większości muszą pracować przez cały rok (rys. 4.6).

Tabela 4.6: Charakterystyka demograficzna respondentów

Charakterystyka	Jednostka	Grupa HH			Overal
		Lepiej - off	Medium	Biedny	
Wiek	Rok	47±9	42±6	44±6	44±6
Poziom edukacyjny:	%			3.4	2.2
- Niepiśmienny		14.3	44.4	48.3	42.2
- Główny		78.6	55.6	48.3	54.4
- Wtórne		7.1			1.1
- Liceum					
Wielkość gospodarstwa domowego	osoba	5.9±0.6	5.4±0.7	5.2±1.1	5.4±1.0
Praca w gospodarstwie domowym	Praca	2.5±0.5	2.1±0.4	2.2±0.5	2.3±0.4
Wielkość gospodarstwa rolnego	ha	3.6a±0.6	2.7b±0.9	1.5c±0.5	2.0±1.0
Zawód:	%				
- Uprawa		100	100	100	100
- Hodowla		100	100	63.7	76.7
- Praca za		0	0	32.7	21.1
wynagrodzeniem		57.1	11.1	0	11.1
- Małe przedsiębiorstwo					

Uwaga: Mała litera a, b i c wskazuje, że w każdym gospodarstwie domowym każdej z grup istnieją znaczne różnice w wielkości gospodarstwa na poziomie 95% zaufania.

Źródło: Badanie terenowe, 2011.

Kalendarz upraw dla badanych obszarów

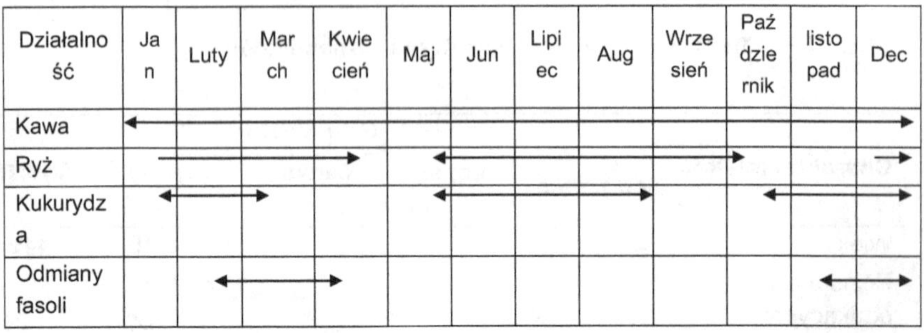

Źródło: Badanie terenowe, 2011 r.

Rysunek 4.6: Sezonowy kalendarz upraw na badanych obszarach

4.4.2. Erozja gruntów rolnych

Wzdłuż rzeki Srepok, w dwóch badanych gminach, ziemia jest żyzna z powodu złóż aluwialnych z rzeki. Mieszkańcy wsi wykorzystują ziemię do niektórych działań rolniczych, takich jak ryż niełuskany, kukurydza hybrydowa, zielone ziarna, ogrody kawowe, a także sady owocowe. Na podstawie obserwacji terenowych i wywiadów z kluczowymi informatorami stwierdzono, że większość pól ryżowych, ogródków kukurydzy i kawy położonych w pobliżu brzegu rzeki została poddana erozji gleby. Zapora Buon Tua Srah rozpoczęła działalność w 2009 r. i często powoduje codzienne wahania poziomu wody, co prowadzi do erozji gleby zarówno w porze suchej jak i deszczowej. Według danych gmin za 2011 r. erozji ulega około 160 ha gruntów rolnych.

Tabela 4.7: Podział gruntów rolnych poddanych erozji na grupy HH

Jednostka: ha/HH

Parametr	Grupy HH			Overal
	Lepiej - off	Medium	Biedny	
Min	0.15	0.15	0.05	0.05
Max	0.50	1.25	1.80	1.80
Mean	0.32a	0,70bc	0.59c	0.56
Std. Dev	0.24	0.70	0.60	0.55

Uwaga: Różne małe litery wraz z cyframi wskazują, że istnieje znacząca różnica w wielkości erozji gruntów rolnych na gospodarstwo domowe każdej z grup na poziomie 95% zaufania.

Źródło: Badanie terenowe, 2011 r.

Tereny wykorzystywane do uprawy kawy i kukurydzy doświadczają erozji. Średnia powierzchnia gruntów, które stanęły w obliczu erozji wynosi 0,56 ha na gospodarstwo domowe. Grunty rolne należące do ubogich i średnich gospodarstw domowych doświadczyły większej erozji niż grunty rolne należące do lepiej sytuowanych gospodarstw. Przeciętna erozja gruntów rolnych na jedno gospodarstwo domowe ubogich i średnich wynosi odpowiednio 0,59 ha i 0,70 ha, podczas gdy powierzchnia lepiej sytuowanych wynosi 0,32 ha (tabela 4.7). Wyniki analizy statystycznej przy użyciu testu ANOVA One-Way z LSD (Least Significant Difference) wykazały, że istnieją istotne różnice w zakresie erozji gruntów rolnych na gospodarstwo domowe pomiędzy grupami ubogimi i lepiej sytuowanymi oraz pomiędzy grupami średnimi i lepiej sytuowanymi na poziomie 95% zaufania. Jednak z punktu widzenia statystyki nie ma żadnej różnicy między tymi ziemiami a ubogimi. Wynika to z faktu, że zazwyczaj grunty wzdłuż brzegu rzeki są tańsze od innych miejsc ze względu na ograniczenie ryzyka takiego jak powódź. Dlatego też biedne i średnie gospodarstwa domowe mogą sięgać do tego rodzaju ziemi. W umowie, lepiej nie tylko kupować ziemię rolną wzdłuż rzeki, ale także kupować inne części ziemi rolnej w innych miejscach. Dlatego też, gdy dochodzi do erozji, biedne i średnie gospodarstwa domowe straciły większość swojej ziemi. Dlatego ich utrzymanie ma wiele trudności.

Eksploatacja tam miała negatywny wpływ na środki utrzymania rolników na obszarach niższego szczebla. SWECO (2006) stwierdziło, że duże wahania poziomu wody w rzece podczas realizacji projektów hydroenergetycznych prowadzą do osłabienia brzegów rzeki. Miejscowa ludność nie jest już w stanie uprawiać rolnictwa wzdłuż brzegów rzeki z powodu zawalenia się jej brzegów. Powoduje to niedobory żywności dla rolników i zwiększa ich podatność na zagrożenia życia, zwłaszcza osób ubogich.

4.4.3. Zalane grunty rolne

Z danych pierwotnych, wywiadów z kluczowymi informatorami oraz obserwacji terenowych wynika, że w 2011 r. zalanych zostało ponad 160 ha gruntów rolnych. Okres powodzi trwa często od czterech do pięciu dni. Średnia ta wynosi 0,6 i 0,89 ha na gospodarstwo domowe, odpowiednio dla ryżu i kukurydzy, i różni się w poszczególnych grupach gospodarstw (tabela 4.8).

Tabela 4.8: Podział zalanych gruntów rolnych na grupy HH

Jednostka: ha/HH

Rośliny uprawne	Grupy HH			Overal
	Lepiej - off	Medium	Biedny	
Ryż				
Min	0.10	0.10	0.05	0.05
Max	2.00	2.00	1.50	2.00
Mean	0.72	0.83	0.46	0.60
Std.Dev	0.72	0.64	0.32	0.50
Kukurydza				
Min	0.06	0.05	0.10	0.05
Max	4.00	4.00	2.00	4.00
Mean	1.30	1.20	0.65	0.89
Std.Dev	1.21	1.20	0.47	0.90

Źródło: Badanie terenowe, 2011 r.

Gospodarstwo domowe może stanąć w obliczu powodzi na polach kukurydzy i ryżu, jak również tylko na jednym polu upraw. Dla gospodarstw domowych jest to bardzo trudne, jeśli oba obszary upraw są zalewane. Rozmiar szkód zależy od fazy wzrostu roślin. Ubodzy zazwyczaj mają mało ziemi pod uprawę, a ich ziemie są często położone wzdłuż rzeki, ponieważ cena ziemi jest niższa. Dlatego też, jeśli powódź nastąpi w czasie, gdy ziemia jest pod uprawą, stracą one swoje zbiory.

W oparciu o dyskusje grupowe w gminach Nam N'Dir, zarówno wioski Nam Dao jak i Nam Nung odczuły wpływ wahań wody, spowodowanych przez energię wodną. Wyniki wywiadów z naczelnikami wiosek Nam Dao i Nam Ninh pokazały, że większość rolników w tych wioskach jest narażona na skutki uwolnień wody z tamy.

4.4.4 Utrata łowiska

Życie wodne w rzece Srepok jest bardzo bogate. Zarejestrowano 120 gatunków ryb, ale rzeczywista liczba gatunków jest szacowana na znacznie więcej, na około 200-300 gatunków (SWECO 2006). Ryby są bardzo ważnym źródłem pożywienia, dostarczającym białko do ludzkiej diety. Większość osób z badania stwierdziła, że populacja ryb zmniejszyła się w ciągu ostatnich 10-15 lat.

Wywiady z kluczowymi informatorami pokazały, że przed budową zapory wielu rolników mieszkających w obu gminach poławiało na własne potrzeby i w celu uzyskania dochodów pieniężnych. Ale po wybudowaniu tamy zasoby rybne w rzece zmniejszyły się i bardzo trudno jest złowić ryby z powodu nagłego podniesienia się poziomu wody, który zmywa łodzie i sprzęt rybacki.

Pewien taoński etniczny dom w wiosce Nam Giao w gminie Nam N' Dir powiedział: "Wcześniej mogłem złowić dużo ryb zarówno dla mojej rodziny, jak i sprzedawać do restauracji za gotówkę. Mogłem dostać prawie 10 kg każdego wieczoru. Ryby te były również duże i wiele z nich miało wysoką wartość handlową. Po prostu wrzuciłem sieć do rzeki i zebrałem połów ryb. Ale teraz, wahania poziomu wody w wyniku działania tamy Buon Tua Srah zmieniły rzeczy. Zmniejszyły się połowy ryb i zniknęły ryby o wysokiej wartości handlowej. Co więcej, nagłe uwolnienie wody z operacji zapory zmywa moją sieć. Moja rodzina straciła kluczowe źródło dochodu z rybołówstwa. Ma to również wpływ na naszą dietę. Teraz moja rodzina nie ma wystarczająco dużo pieniędzy, by kupić ryby do codziennego spożycia." (Źródło: Dogłębny wywiad z rolnikiem z wioski Nam Giao, gmina Nam N'Dir)

4.4.5. Dochody gospodarstw domowych

Jak wspomniano powyżej, wielu rolników straciło swoją ziemię i również nie może już łowić ryb. Muszą oni znaleźć pracę w gminie lub poza nią jako robotnicy zarobkowi, aby uzyskać dochód. Miało to wpływ na dochody gospodarstw domowych, a także powodowało problemy społeczne.

Poza tym, wyniki PRA pokazują, że utrata plonów rolnych z powodu erozji i powodzi powoduje brak środków do życia i brak bezpieczeństwa żywnościowego oraz spadek dochodów gospodarstw domowych.

Uprawa kawy, ryżu, kukurydzy oraz hodowla bydła, trzody chlewnej i kurczaków, a także prowadzenie małych przedsiębiorstw i praca zarobkowa są głównymi źródłami dochodów gospodarstw domowych w badanych obszarach. Uprawa roślin za gotówkę jest głównym źródłem dochodu dla wszystkich gospodarstw domowych, a hodowla zwierząt gospodarskich jest drugim ważnym źródłem dochodu. Niewielki spadek aktywności hodowlanej nastąpił po rozpoczęciu eksploatacji tamy: 88,9% gospodarstw domowych prowadziło hodowlę przed rozpoczęciem eksploatacji tamy, a 76,7% gospodarstw po jej zakończeniu. W przeciwieństwie do tego, praca zarobkowa wzrosła gwałtownie z 12,2% do 21,1% (Tabela 4.9). Powodem jest to, że po rozpoczęciu działalności przez Buon Tua Srah, wielu rolników, zwłaszcza biednych, miało mniej produktywnych gruntów pod rolnictwo i hodowlę i musiało zwrócić się do pracy zarobkowej, aby zastąpić utracone źródła utrzymania.

Tabela 4.9: Główne źródła dochodów gospodarstw domowych przed i po operacji
zapora Buon Tua Srah rozpoczęła się

Źródła dochodów	Przed		Po	
	Częstotliwość:	Odsetek HHs (%)	Częstotliwość:	Odsetek HHs (%)
Uprawa	90	100	90	100
Hodowla	80	88.9	69	76.7
Praca za wynagrodzeniem	11	12.2	19	21.1
Małe przedsiębiorstwo	10	11.1	10	11.1

Źródło: Badanie terenowe, 2011 r.

Niedobór zatrudnienia i niedostateczne zatrudnienie

Wyniki dyskusji w grupie pokazały, że wraz z utratą gruntów rolnych na skutek erozji i powodzi wielu rolników przestawiło się na pracę zarobkową, zwłaszcza tych, którzy są starsi, mają niski poziom wykształcenia lub nie mają specjalnych umiejętności.

Pole 4.1: Utrata gruntów rolnych na skutek powodzi z zapory

Jedno z gospodarstw domowych w wiosce Xuyen Ha w gminie Duc Xuyen powiedział: "Moja rodzina to moja żona, dwójka dzieci i ja. Moje dzieci się uczą. Mieliśmy tylko 0,6 ha ziemi, na której posadziliśmy kawę. Możemy zebrać około 1,5 tony ziaren kawy rocznie, które mogą dać około 50 milionów VND. Ale od 2009 roku, od czasu wybudowania tamy, powodzie zmyły nasze zbiory kawy. Nie mamy innej ziemi pod uprawę. Razem z żoną podjęliśmy się pracy najemnej, takiej jak żniwa, pielenie, itp. w celu uzyskania dochodu pieniężnego i wsparcia nauki naszych dzieci. Jeśli będziemy ciężko pracować, możemy zarobić około 150.000 VND dziennie. Jednak te prace mają charakter sezonowy, a moja żona i ja nie jesteśmy młodzi, mamy ponad 50 lat. Dlatego w naszym życiu napotykamy na wiele trudności. "

Źródło: Dogłębny wywiad z rolnikiem z wioski Xuyen Ha, gmina Duc Xuyen).

4.4.6. Inne zagrożenia

Z wywiadów polowych i dyskusji w grupach dowiedzieliśmy się, że produkcja ryżówki i kukurydzy jest najbardziej dotknięta operacjami zapór w porze suchej, ponieważ woda z rzeki jest magazynowana w zbiorniku. Dlatego nie ma wystarczającej ilości wody do nawadniania upraw, co prowadzi do strat w zbiorach. Kolejnym zagrożeniem jest utrata życia spowodowana nagłym uwolnieniem z tamy. W marcu 2012 r. sześć osób zginęło od tych nagłych powodzi, gdy przeprawiały się łodzią przez rzekę.

4.5. Wpływ na źródła utrzymania i odporność

Aby zrozumieć wpływ na źródła utrzymania i odporność elektrowni wodnej Buon Tua Srah, w obu gminach przeprowadzono dwie dyskusje grupowe. Zebrano opinie uczestników na temat różnych zagadnień. Przeprowadzono również pogłębione wywiady z kluczowymi informatorami. Wyniki analizy zostały przedstawione w tabelach 4.10.

W ramach krajowej polityki rozwoju energetyki wodnej w Wietnamie powstało wiele małych zapór wodnych. Pomagają one w magazynowaniu wody na potrzeby działalności rolniczej, wytwarzaniu energii elektrycznej i przyczyniają się do rozwoju gospodarczego Wietnamu. Z drugiej jednak strony eksploatacja zapór powoduje wiele słabych punktów, takich jak spadek stanu lasów i różnorodności biologicznej, zmniejszenie zasobów rybnych, powodzie i erozja gruntów rolnych, wahania poziomu wody, nagłe uwolnienia wody prowadzące do powodzi i erozji na obszarach położonych w dole rzeki, brak wody do nawadniania w porze suchej oraz problem przesiedleń.

Jak stwierdzono powyżej, eksploatacja hydroelektrowni Buon Tua Srah prowadzi do powodzi i erozji gruntów rolnych, co powoduje, że rolnicy mają wpływ na swoje aktywa. Ponadto wahania poziomu wody w rzece oraz nagłe uwolnienia wody zmieniły działalność zarobkową rolników w dolnym biegu rzeki.

Tabela 4.10: Oddziaływania i kwestie związane z projektem elektrowni wodnej Buon Tua Srah

Wpływy	Zagadnienia
- Utrata lasu - Utrata różnorodności biologicznej - Zmniejszanie się zasobów rybnych - Zalewanie gruntów rolnych - Erozja gleby i lądu - Ryzyko śmierci w wyniku powodzi w przypadku korzystania z rzeki - Wahania poziomu wody w rzece - Nagłe uwolnienia wody - Magazynowanie wody w porze suchej pozbawia uprawy wody do nawadniania - Przesiedlanie ludzi	- Słaba koordynacja między właściwymi agencjami w zakresie monitorowania, badania i oceny skutków środowiskowych, gospodarczych i społecznych - Słaby system informacji i prognozowania

Źródło: Badanie terenowe, 2011 r.

Gdy rolnicy nie mają wystarczającej ilości ziemi uprawnej, niektóre z ich upraw zostały utracone i nie ma już dochodów z ryb z rzeki, muszą pracować jako robotnicy zarobkowi w swoich wioskach / gminach lub poza nimi, aby uzyskać dodatkowy dochód na swoje utrzymanie.

Do kluczowych kwestii, które nie uwzględniają skutków, należy słaba koordynacja właściwych agencji w zakresie monitorowania, analizowania i oceny skutków środowiskowych, gospodarczych i społecznych; oraz słabe systemy informacji i prognozowania. Potrzeba też czasu, aby mieszkańcy wsi zgłosili swoje obawy operatorowi tamy przez gminę i w górę. Problemy te powinny być minimalizowane w przyszłości.

5. Wnioski i zalecenia

5.1. *Wnioski*

Gminy Duc Xuyen i Nam N'Dir w okręgu Krong No znajdują się w dolnej części zapory Buon Tua Srah i odczuwają negatywne skutki projektu. W tych dwóch gminach rolnicy są uzależnieni głównie od działalności rolniczej. Mieszkańcy wsi wykorzystują ziemię do uprawy ryżu, kukurydzy hybrydowej, zielonych ziaren, kawy i owoców. Od czasu rozpoczęcia eksploatacji zapory Buon Tua Srah w 2009 r. poziom wody ulega codziennym wahaniom, co prowadzi do erozji gleby zarówno w porze suchej jak i deszczowej. Erodowane grunty rolne są głównie obsadzone kawą i kukurydzą. Średnia powierzchnia erozji wynosi 0,56 ha na gospodarstwo domowe. Miejscowa ludność nie jest już w stanie uprawiać rolnictwa wzdłuż brzegów rzeki. Poza tym miejscowi rolnicy są również dotknięci zalewaniem pól uprawnych. Średnia powierzchnia upraw ryżu i kukurydzy wynosi odpowiednio 0,6 i 0,89 ha na gospodarstwo domowe. Doprowadziło to do niedoborów żywności i zwiększyło wrażliwość rolników, zwłaszcza tych ubogich.

Ryby są bardzo ważnym źródłem żywności, przyczyniając się do wzbogacenia diety ubogich rolników w białko. Większość osób z badania stwierdziła, że zasoby rybne zmniejszyły się w ciągu ostatnich 10-15 lat, zwłaszcza po rozpoczęciu eksploatacji tamy. Ponadto bardzo trudno jest złowić ryby ze względu na wahania poziomu wody w rzece. Prowadzi to również do utraty dochodów i wpływa na dietę miejscowej ludności.

W czasie pory suchej woda z rzeki jest magazynowana w zbiorniku. Dlatego nie ma wystarczającej ilości wody do nawadniania upraw, co prowadzi do niższych plonów. Spadek zarówno wielkości połowów ryb, jak i plonów spowodował brak bezpieczeństwa żywnościowego, szczególnie w przypadku osób ubogich.

W obszarze objętym badaniem miejscowa ludność nie może uczestniczyć w planowaniu i harmonogramowaniu uwalniania wody. W rezultacie, często uwolnienie wody nie wystarcza do celów irygacyjnych lub powoduje zalanie i erozję gleby w dole rzeki.

5.2. *Zalecenia*

Wyniki badania wskazują, że eksploatacja projektu hydroenergetycznego Buon Tua Srah przyczyniła się do powstania kilku niekorzystnych skutków dla źródeł utrzymania ludzi na terenach położonych w dole rzeki w gminach Duc Xuyen i Nam N'Dir w dystrykcie Krong No. Skutki obejmują powodzie i erozję gruntów rolnych, spadek rybołówstwa, utratę dochodów i wzrost braku bezpieczeństwa żywnościowego. Wahania poziomu wody i nieprzewidywalne uwolnienia wody oraz brak informacji od operatorów zapór przyczyniły się do zwiększenia codziennych problemów, z którymi borykają się społeczności żyjące w dolnym biegu rzeki.

Operatorzy zapór nie posiadają strategii prognozowania uwalniania wody, a społeczności lokalne nie mogą uczestniczyć w strategiiuwalniania wody. W celu zminimalizowania przyszłych skutków proponuje się następujące zalecenia:

Po pierwsze, istnieje potrzeba stworzenia dobrego systemu informacyjnego do prognozowania i dostarczania dziennego i miesięcznego harmonogramu uwalniania wody. Informacje te powinny być dostarczane przez operatora i udostępniane organom samorządu terytorialnego, aby pomóc rolnikom działającym w dolnym biegu rzeki w przygotowaniu się do powodzi.

Po drugie, z punktu widzenia rolnika, podmiot gospodarczy powinien zapewnić rolnikom możliwość udziału w podejmowaniu decyzji dotyczących uwalniania wody. Rolnicy mogą przyczynić się do podejmowania bardziej świadomych decyzji dotyczących uwalniania wody.

Po trzecie, należy wzmocnić wielopoziomową koordynację w zakresie monitorowania, badania i oceny działań w ramach projektu dotyczącego energii wodnej. Powinien to zrobić zarówno operator, jak i rząd.

Po czwarte, należy wykonać szczegółowe obliczenia dotyczące magazynowania i uwalniania wody. Operator powinien regulować przepływ wody, aby zminimalizować wpływy w dół rzeki, takie jak erozja lub zalewanie gruntów rolnych.

Jeden z wyspecjalizowanych rolników zaproponował również, aby operatorzy zapory zajęli się potrzebami i problemami rolników, którzy utracili swoje grunty rolne i stoją w obliczu spadku wydajności rolnictwa z powodu zapory. Rolnicy chcieliby, aby operator i samorządy lokalne pomogły im zdywersyfikować środki utrzymania na działalność pozarolniczą w celu poprawy lub utrzymania swoich dochodów. Ponadto należy wprowadzić odpowiednie odmiany upraw, aby zapobiec utracie wydajności rolnictwa.

Wreszcie, należy zwiększyć świadomość rolników na temat skutków uwolnienia wody i działań w ramach projektu dotyczącego energii wodnej, poprzez wykorzystanie telewizji lub radia, tak aby rolnicy mogli zapobiec utracie wydajności rolnictwa i wpływowi na ich środki do życia.

Referencje

Bezuayehu, T.O. 2006. "Ludzie i tamy: zmiany środowiskowe i społeczno-gospodarcze wywołane przez zbiornik wodny w Fincha'a, w zachodniej Etiopii. "Doktorat, Uniwersytet Wageningen.

Bao moi. 2010. "Woda uwalnia hydroenergię Buon Tua Srah." Dostęp uzyskano 17 listopada 2011 r.

http://www.baomoi.com/Thuy-dien-Buon-Tua-Srah-xa-nuoc-ha-luu-song-Krong-No-sat-lo-nang/148/4008282.epi

Chambers, R. & Conway, G.R. 1991. "Zrównoważone życie na wsi: praktyczne koncepcje na XXI wiek." *Discussion Paper* 296, Institute of Development Studies.

DFID. 1999. "Arkusze informacyjne o zrównoważonych źródłach utrzymania". Dostęp uzyskano 15 marca 2012 r.

http://www.ennonline.net/resources/667Duc Gminny Urząd Statystyczny w Xuyen. 2011. "Raport roczny". "

Urząd Gminy Duc Xuyen ds. Administracji Gruntów. 2011. "Raport roczny". "

Duong, T.T.T. 2010." "Zarządzanie i ochrona niektórych projektów hydroelektrycznych w prowincji Lam Dong w Wietnamie. "Dostęp 15 marca 2012.

http://dalat.gov.vn/web/T%C6%B0li%E1%BB%87u/tabid/99/MaterialItemID/985/MaterialCategoryID/13/CurrentPage/1/Default.aspx.

Elektryczność Wietnamu. 2008. "Raport roczny."

Ellis, F. 2000. "Środki do życia na wsi i różnorodność w krajach rozwijających się". "*Oxford University Press,* Nowy Jork.

FAO. 2001. "Zarządzanie żywnością i jej łagodzenie w dorzeczu Mekongu". "

FIVAS (The Association for International Water Studies). 2007. "Zrujnowane rzeki, zniszczone życia. Oddziaływanie projektu elektrowni wodnej Theun-Hinboun na społeczności w dolnym biegu rzeki w PDR Laosu". Association for International Water Studies, Oslo, listopad 2007.

Folke, C., et al. 2002. "Odporność i zrównoważony rozwój. Budowanie zdolności adaptacyjnych w świecie przemian. "*Ambio* 31, No.5. Dostęp uzyskano 20 marca 2012 r.

http://www.resalliance.org/564.php.

Jianchu, X., 2011. "Zmiany klimatyczne na Wyżynie Azjatyckiej: Socio - implikacje ekonomiczne dla regionu Mekongu." w "*Water Rights Social Justice in the MeKong Region", pod redakcją* Kate, L., Nathan, B., Nga, D. i Bernadette, P.R.

Earthscan, Londyn.

Jianchu, X. i Rajesh, D. 2011. "Powiązanie ryzyka zmian klimatycznych i praw górali w Mekongu." w *Water Rights Social Justice w regionie MeKong*, pod redakcją Kate, L., Nathan, B., Nga, D. i Bernadette, P.R. Earthscan, Londyn.

Kelly, P.M. i Adger, W.N. 2000. "Teoria i praktyka w ocenie podatności na zmiany klimatu i ułatwianiu adaptacji". *"Zmiana klimatu"*, tom 47, s. 325-352.

Khanh, V. D. 2005. "Status eksploatacji i wykorzystania zasobów naturalnych". *"Statistical Science Journal"*, Vol.4/2005.

Kummu, M. i Varis, O. 2007. "Oddziaływania związane z osadem spowodowane uwięzieniem zbiornika w górnym biegu rzeki Mekong. *"Geomorfologia"*, tom 85, s. 275-293.

Krong No district. 2010. "Socio - raport o rozwoju gospodarczym."

Krong No district. 2011. "Socio - raport o rozwoju gospodarczym."

Maiklad, P. 1999. "Development and achievements in flood control and management in Thailand" w ramach *współpracy regionalnej w XXI wieku w zakresie kontroli i zarządzania powodziami w Azji i na Pacyfiku*, pod redakcją UN-ESCAP, Organizacja Narodów Zjednoczonych, Nowy Jork.

Miah, M. 1993. *Statystyka stosowana: Podręcznik szkoleniowy do planowania osiedli ludzkich*. Azjatycki Instytut Technologii, Bangkok.

Urząd Statystyczny Gminy Nam N'Dir. 2011. "Raport roczny."

Nam N'Dir Commune Office for Land Administration. 2011. "Raport roczny."

NHP. 2005. "Narodowy Plan Energii Wodnej dla Wietnamu". "

Shannon, L. 2009. "The Nam Theun 2 Controversy and Its Lessons for Laos." w *Contested Waterscapes w regionie Mekongu: Hydropower, Livelihoods and Governance*, pod redakcją F. Molle, T. Foran i M. Kakonen, Earthscan, Londyn.

Shoemaker, B., Baird, I. i Baird, M. 2001. "Ludzie i ich rzeka": A survey of River - based Livelihoods in the Xe Bang Fai River Basin in Central Lao PDR." Lao PDR/Canada Fun for Local Initatives, Vientiane, Laos.

SWECO we współpracy z Norwegian Institute for Water Research, EVIORO-DEV, ENS Consult. 2006. "Ocena oddziaływania na środowisko naturalne po kambodżańskiej stronie rzeki Srepok w związku z rozwojem energetyki wodnej w Wietnamie. "Paper presented at the stakeholder meeting on EIA Report on Cambodian Part of Srepok River due to Hydropower Development in Vietnam, Phnom Penh, January 12, 2007.

Wietnamska Unia Stowarzyszeń Naukowo-Technicznych. 2007. "Ocena planu rozwoju energetyki w Wietnamie. "Dostępny 20 marca 2012.

http://www.vnanet.vn/TrangChu/VN/tabid/58/itemid/247826/Default.aspx

Watson, S. P. i Schouten, R. 2001. "Nam Song Diversion Project": Projekt sprawozdania z analizy wpływu i planu działania". Azjatycki Bank Rozwoju, Manila.

Xu, J. C. i Rana, G. M. 2005. "Living in the Mountains" w Know Risks, Sekretariat Międzyagencyjny ONZ Międzynarodowej Strategii Redukcji Katastrof, pod redakcją T.Jeggle, Gebeva.

Zerriffi, H. 2011. "Elektryfikacja obszarów wiejskich. Strategie dla rozproszonej generacji." *Springer Science & Business Media B.V., Nowy* Jork 2011. Dostęp do 20 czerwca 2012.

Kolibri 360 GmbH
Ferdinand-Jühlke-Straße 7
99095 Erfurt, Deutschland
produktsicherheit@kolibri360.de

Druck:
CPI Druckdienstleistungen GmbH
im Auftrag der
Kolibri 360 GmbH
Ferdinand-Jühlke-Str. 7
99095 Erfurt